DIE STRUMPFBANDNATTER
THAMNOPHIS SIRTALIS

Martin Hallmen

Weibchen von *Thamnophis sirtalis sirtalis* „speckled flame"

Inhalt

Bildnachweis
Titelbild: *Thamnophis sirtalis parietalis* Foto: M. Hallmen
Kleines Bild: Jungtier von *Thamnophis sirtalis sirtalis* „flame" Foto: M. Hallmen
Seite 1: Sehr rotes Exemplar von *Thamnophis sirtalis parietalis* Foto: M. Hallmen
Alle nicht anders gekennzeichneten Bilder stammen vom Autor

ISBN 3-937285-36-9

© 2004 Natur und Tier - Verlag GmbH
An der Kleimannbrücke 39/41
48157 Münster
www.ms-verlag.de

Geschäftsführung: Matthias Schmidt
Lektorat: Heiko Werning & Kriton Kunz
Layout: Ludger Hogeback
Druck: Druckhaus Fromm, Osnabrück

Vorwort

SIE interessieren sich für Strumpfbandnattern? Herzlichen Glückwunsch! Dann haben Sie mit der Gewöhnlichen Strumpfbandnatter (*Thamnophis sirtalis*) das große Los gezogen. Nicht umsonst handelt es sich bei dieser Art um einen Klassiker der Terraristik. Die Schönheit ihrer zahlreichen Unterarten ist gepaart mit einer großen Vielfalt biologischer Phänomene. Das macht die Gewöhnliche Strumpfbandnatter ein-
malig unter den Schlangen. Viele Generationen von Terrarianern ließen sich davon bereits faszinieren. Sie können nicht irren.

Wie viele Strumpfbandnattern, so ist auch die Gewöhnliche Strumpfbandnatter in ihren Ansprüchen sehr bescheiden. Ein artgerechtes Terrarium bedarf nur wenig Ausstattung und technischer Ausrüstung. Wer emotionale Probleme mit dem Verfüttern leben-
der oder
auch to-
ter Mäu-
se hat und
darum andere Schlan-
genarten meidet,
kann seine Strumpf-
b a n d n a t t e r n

*Thamnophis sirtalis
sirtalis*

Thamnophis sirtalis sirtalis „flame"

mit Fischen füttern. Die Vermehrung ist selten ein Problem. Der technische Aufwand zur Inkubation von Eiern entfällt. Die Tiere übernehmen diese Aufgabe selbst, denn sie sind lebendgebärend.

Folgerichtig sind diese Schlangen inzwischen in zahlreichen Unterarten als Nachzuchten erhältlich. Die Unterarten sind optisch z. T. äußerst attraktiv. Mit der „Queen of Garter Snakes", der San-Francisco-Strumpfbandnatter (*Thamnophis sirtalis tetrataenia*), stellt die Art immerhin einen aussichtsreichen Anwärter auf den Titel „Schönste Schlange der Welt"! Bei aller Einfachheit lassen sich jedoch auch für den versierten

Terrarianer noch echte Herausforderungen finden. Über einige Unterarten liegen nur wenige oder gar keine Haltungsberichte vor. In jüngster Zeit kommen aus Amerika immer neue und optisch sehr ansprechende Farbformen nach Europa, die auf ihre Verbreitung warten. Alles in allem: Terrarianerherz, was willst du mehr?

Haben diese Argumente Ihr Interesse verstärkt? Dann werden Sie Halter der Gewöhnlichen Strumpfbandnatter! Viele schöne Erfahrungen bei der Pflege und Vermehrung dieser Schlangen sind Ihnen garantiert.

Martin Hallmen
Erlensee, im Herbst 2004

Die Gewöhnliche Strumpfbandnatter

DIE Gewöhnliche Strumpfbandnatter (*Thamnophis sirtalis*) gehört zusammen mit weiteren 30 Arten der nordamerikanischen Schlangengattung *Thamnophis* (Strumpfbandnattern) an. Innerhalb der Nattern (Colubridae) stellen die Systematiker sie in die Unterfamilie der Wassernattern (Natricinae). Die Gattung *Thamnophis* ist entwicklungsgeschichtlich eine vergleichsweise junge Schlangengruppe. Die ältesten Fossilfunde stammen aus dem Pleistozän Nordamerikas (ca. 2 Millionen Jahre). Der Ursprung der Wassernattern wird im Osten Asiens vermutet. Von dort wanderten die Tiere vermutlich über die Behringstraße auf den nordamerikanischen Kontinent ein. Vielleicht ist so zu erklären, dass die Gewöhnliche Strumpfbandnatter wie alle Wassernattern vollständig entwickelte Junge zur Welt bringt. Das könnte sich unter den rauen und vor allem kalten Umweltbedingungen als Vorteil herausgestellt haben. Die Strumpfbandnattern selbst entwickelten sich wahrscheinlich erst nach der Einwanderung durch ihre Vorfahren in Nordamerika. *Thamnophis*

Gewöhnliche Strumpfbandnattern (hier: *Thamnophis sirtalis parietalis*) sind gute Schwimmer.

Durch die Forschung wurde die Rotseiten-Strumpfbandnatter (*Thamnophis sirtalis parietalis*) zu einer der bekanntesten Schlangen der Welt.

sirtalis könnte dabei eine der ersten Arten gewesen sein. Dafür spricht zumindest, dass die Art auch in kältere Klimate vordringt, wie sie z. B. in Kanada herrschen. In südlicheren Gebieten wurde sie mit fortschreitender Erwärmung nach der letzten Eiszeit teilweise von anderen *Thamnophis*-Arten verdrängt. Die Gattung *Thamnophis* befindet sich derzeit immer noch in ihrer Weiterentwicklung. Daher gibt es bei den momentan anerkannten 31 Arten und 74 Unterarten der Strumpfbandnattern regelmäßig systematische Verschiebungen, neue Abgrenzungen und sogar Neuentdeckungen; ein El Dorado für Evolutionsbiologen.

Die Gewöhnliche Strumpfbandnatter gehört zu den eher kleineren Schlangen. Weibchen werden maximal ca. 110 cm lang, Männchen überschreiten selten 70 cm Körperlänge. Die typische Körperzeichnung zeigt

WUSSTEN SIE SCHON?
„Strumpfbandnatter", ein ulkiger Name. Er stammt aus ihrem Heimatland. Dort werden diese Schlangen „garter snakes" genannt (garter = Strumpfband, snake = Schlange). Sie verdanken diesen Namen wohl ihrer typischen, auffälligen Längszeichnung, die fantasiebegabte Menschen an Strumpfbänder zu erinnern schien. Manche ihrer Anhänger in Deutschland bezeichnen sie gerne als „Strapse". Die Schweizer sprechen von ihren „Strümpflis".

einen Rücken- und zwei Seitenstreifen. Diese Streifen sind von der dunkleren Grundfarbe des Rückens meist deutlich hell abgesetzt. Die Körperschuppen sind gekielt. In Menschenhand werden die Tiere zwischen zehn und zwölf Jahre alt, in Ausnahmefällen auch 15 Jahre. Sie besitzen im Ober- wie im Unterkiefer je zwei Reihen mit kleinen, spitzen und glatten Zähnen. Strumpfbandnattern haben keine Giftzähne.

Die Wissenschaft entdeckte die Gewöhnliche Strumpfbandnatter schon vor weit mehr als 100 Jahren als Studienobjekt. Waren es zu Beginn meist Taxonomen und Systematiker (sie erstellen ein System der Lebewesen und leiten Verwandtschaften ab), so kamen bald Ökologen, Ethologen (Verhaltenskundler), Neurobiologen sowie Genetiker hinzu. Im Zuge dieser Arbeiten wurden die Tiere oft in Labors in Terrarien gehalten. Daher liegt seit vielen Jahrzehnten eine Fülle von Erfahrungswerten zur Haltung der Gewöhnlichen Strumpfbandnatter vor. Alles in allem dürfte sie die am besten erforschte Schlangenart der Welt sein – es gibt Tausende von wissenschaftlichen und populärwissenschaftlichen Aufsätzen über sie.

In den USA ist die Gewöhnliche Strumpfbandnatter von der Bevölkerung überwiegend gut gelitten. Sie wird von den meisten Menschen als harmlos eingestuft und ist aufgrund ihrer markanten Streifenzeichnung auch einfach zu erkennen. Im Gegensatz zu vielen anderen nord-

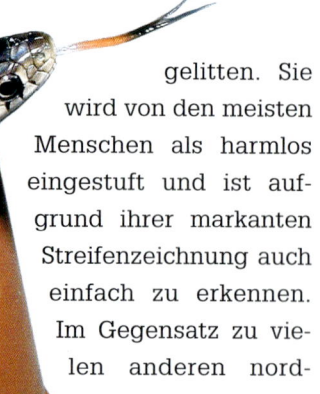

> **WUSSTEN SIE SCHON?**
>
> Das gebänderte Muster der Gewöhnlichen Strumpfbandnatter erscheint uns sehr auffällig. In der Natur hat es jedoch genau den gegenteiligen Effekt: Verhalten sich die Schlangen im Gelände auf natürlichem Untergrund regungslos, so löst sich die Körperform der Tiere vor Steinen, im Gras oder im Unterholz optisch auf. Der Fachmann nennt das „Somatolyse".

Züngelndes Jungtier von *Thamnophis sirtalis parietalis*

Arten der Gattung *Thamnophis*

Art	deutscher Name	Zahl der Unterarten
T. atratus	Santa-Cruz-Strumpfbandnatter	3
T. brachystoma	Kurzkopf-Strumpfbandnatter	1
T. butleri	Butlers Strumpfbandnatter	1
T. chrysocephalus	Goldkopf-Strumpfbandnatter	1
T. couchii	Couchs Strumpfbandnatter	1
T. cyrtopsis	Schwarznacken-Strumpfbandnatter	3
T. elegans	Wandernde Strumpfbandnatter	6
T. eques	Mexikanische Strumpfbandnatter	7
T. errans	Mexikanische Wandernde Strumpfbandnatter	1
T. exul	Zwerg-Strumpfbandnatter	1
T. fulvus	Guatemala-Strumpfbandnatter	1
T. gigas	Riesen-Strumpfbandnatter	1
T. godmani	Godmans Strumpfbandnatter	1
T. hammondii	Zweistreifen-Strumpfbandnatter	1
T. marcianus	Karierte Strumpfbandnatter	3
T. melanogaster	Mexikanische Schwarzbauch-Strumpfbandnatter	4
T. mendax	Mexikanische Berg-Strumpfbandnatter	1
T. nigronuchalis	Durango-Strumpfbandnatter	1
T. ordinoides	Nordwestliche Strumpfbandnatter	1
T. postremus	Mexikanische Tiefland-Strumpfbandnatter	1
T. proximus	Westliche Bändernatter	6
T. pulchrilatus	Gelbhals-Strumpfbandnatter	1
T. radix	Prärie-Strumpfbandnatter	1
T. rossmani	Rossmans Strumpfbandnatter	1
T. rufipunctatus	Rotpunkt-Strumpfbandnatter	1
T. sauritus	Östliche Bändernatter	4
T. scalaris	Treppen-Strumpfbandnatter	1
T. scaliger	Mexikanische Hochland-Strumpfbandnatter	1
T. sirtalis	Gewöhnliche Strumpfbandnatter	12
T. sumichrasti	Sumichrasts Strumpfbandnatter	1
T. validus	Mexikanische Westküsten-Strumpfbandnatter	4

amerikanischen Schlangenarten rettet ihr das oft das Leben, da sie nicht mit Giftschlangen verwechselt und erschlagen wird. Nicht selten duldet man sie selbst in Gärten der Vorstädte.

Vielfalt einer Art

IM Laufe der Evolution hat sich *Thamnophis sirtalis* in Nordamerika zu verschiedenen Formen entwickelt. Die Wissenschaftler grenzen derzeit zwölf Unterarten voneinander ab. Die meisten Unterscheidungen sind aufgrund auffälliger Farbunterschiede auch für den Nichtfachmann nachzuvollziehen. Bei manchen Unterarten finden sich Tiere von einzigartiger Schönheit, allen voran mit der San-Francisco-Strumpfbandnatter (*T. s. tetrataenia*) eine der schönsten Schlangen der Welt. Ihre intensive Rot-Blau-Färbung ist in den Terrarien Europas inzwischen weiter verbreitet, als man annehmen würde. Es existieren zahlreiche intakte Zuchtgruppen. Dennoch bleibt diese schöne Unterart ein heikler Pflegling. Als Grund gelten Inzuchteffekte, da alle europäischen Tiere auf nur wenige Importe aus dem Jahr 1986 zurückgehen. Die sehr eng verwandten und auch recht ähnlichen *T. s. concinnus* und *T. s. infernalis* stehen der „Queen of Garter Snakes" in ihrem Aussehen nicht viel nach. Auch von ihnen sind blaurote Tiere bekannt, die sich lediglich durch unterschiedliche dunkle Barrenmuster von *T. s. tetrataenia* unterscheiden. Alle drei bilden das „Top-Trio", was die Begehrlichkeiten bei vielen Haltern von Strumpfbandnattern betrifft. Aber auch die stahlblaue Florida-Strumpfbandnatter (*T. s. similis*) steht bei vielen Terrarianern hoch im Kurs. Sie wird häufig angeboten, aber nur selten wirklich gehalten. Grund hierfür ist die Verwechslung – aus Unkenntnis oder

Thamnophis sirtalis tetrataenia

Thamnophis sirtalis concinnus

mit Absicht, sei dahingestellt – mit der wesentlich häufigeren blaugrünen Farbform „Florida blue" der Unterart *T. s. sirtalis*. In jüngster Zeit gelang aber einigen *Thamnophis*-Freunden der Import „echter Similis", und erste Nachzuchterfolge sind bereits gelungen. Ähnliches gilt für

che Strumpfbandnatter *T. s. sirtalis* und die Rotseiten-Strumpfbandnatter (*T. s. parietalis*). Vor allem *T. s. sirtalis* streut in seiner Färbung sehr stark, sodass zahlreiche äußerst attraktive Farbformen bekannt sind. *Thamnophis s. parietalis* ist wohl die am weitesten in Terrarien verbreitete Strumpfbandnatter. Die

Thamnophis sirtalis similis

T. s. pickeringii, der aufgrund seiner intensiven Rot-Schwarz-Zeichnung ebenfalls optisch sehr ansprechend ist. Diesen beiden Unterarten ist unbedingt eine weitere Verbreitung in den kommenden Jahren zu wünschen.
Die Klassiker der Terraristik sind jedoch die eigentliche Gewöhnli-

Schlangen werden immer noch in großen Mengen als Wildfänge nach Europa importiert. Sie sind ebenso schön wie robust.
Die Unterarten *T. s. annectens*, *T. s. dorsalis*, *T. s. fitchi* und *T. s. pallidulus* spielen derzeit terraristisch keine Rolle. Aber das kann sich durch einige wenige Importe nach Europa sehr schnell ändern.

Thamnophis sirtalis pickeringii

Unterarten der Gewöhnlichen Strumpfbandnatter (*Thamnophis sirtalis*)

T. s. annectens (Texanische Strumpfbandnatter)
T. s. concinnus (Rotflecken-Strumpfbandnatter)
T. s. dorsalis
T. s. fitchi (Kaskaden-Strumpfbandnatter)
T. s. infernalis (Pazifik-Strumpfbandnatter)
T. s. pallidulus (Maritime Strumpfbandnatter)
T. s. parietalis (Rotseiten-Strumpfbandnatter)
T. s. pickeringii (Pickerings Strumpfbandnatter)
T. s. semifasciatus (Chicago-Strumpfbandnatter)
T. s. similis (Florida-Strumpfbandnatter)
T. s. sirtalis (Gewöhnliche Strumpfbandnatter)
T. s. tetrataenia (San-Francisco-Strumpfbandnatter)

Verbreitung und Lebensraum

DIE Gewöhnliche Strumpfbandnatter ist die häufigste Schlange Nordamerikas. Ihr Verbreitungsgebiet erstreckt sich vom 60. Breitengrad in Kanada bis nach Florida und in das Grenzgebiet USA/Mexiko sowie vom Atlantik bis zum Pazifik. Sie ist das beste Beispiel für einen Generalisten, da sie die unterschiedlichsten Biotope besiedelt. Die Art findet sich in feuchten Gebieten, wie z. B. an Flüssen, Seen, Bächen, Tümpeln, Kanälen oder Sümpfen, ebenso wie auf Weiden und Wiesen, im Brachland oder auch in Wäldern. Die Gewöhnliche Strumpfbandnatter wird auch oft weit entfernt von Wasserstellen angetroffen. Einige Unterarten wurden zu regelrechten Kulturfolgern und sind häufig in Parks und Gärten des Menschen zu finden. Sie dringen sogar bis in Großstädte vor.

Betrachtet man die weite Verbreitung und die immense ökologische Potenz dieser Schlangenart, so wird klar, dass sich einzelne Populationen mit sehr unterschiedlichen Umwelteinflüssen arrangieren müssen. Einige Bestände haben sich extrem langen und kalten Wintern angepasst, andere erfahren im Winter nur vergleichsweise kurze Abkühlungen. Die Gabe der Anpassung macht die Gewöhnliche Strumpfbandnatter zu einem Überlebenskünstler.

Aber auch sie hat Feinde. Jungschlangen werden gerne von Fischen und Amphibien verspeist. Am bekanntesten ist hier der Ochsenfrosch (*Rana catesbeiana*). Unter den Schlangen hält sich z. B. die Kettennatter (*Lampropeltis getula*) gerne an Strumpfbandnattern jeden Alters schadlos. Unter den Vögeln stellt ihr etwa der allseits als „Roadrunner" bekannte Rennkuckuck (*Geococcyx californianus*) nach. Ebenso gehören zahlreiche Säuger zu den Fressfeinden, wie Marder, Dachs, Waschbär, Luchs oder sogar Wildschwein.

Unabhängig von den natürlichen Feinden sollte man meinen, dass ihre weite Verbreitung und ihre

---

WUSSTEN SIE SCHON?

Einige Verhaltensmuster der Gewöhnlichen Strumpfbandnatter sind an bestimmte Verbreitungsgebiete gekoppelt. So ist z. B. die bevorzugte Beute je nach Gebiet unterschiedlich. In British Columbia (Kanada) fressen Männchen und Weibchen derselben Population unterschiedliche Nahrung. Die Zahl der Jungen pro Wurf ist im Osten im Durchschnitt geringer als im Westen des Verbreitungsgebietes.

Fähigkeit, sich ändernden Umweltbedingungen anzupassen, die Gewöhnliche Strumpfbandnatter zu einer wenig gefährdeten Tierart mache. Das trifft leider nur noch zum Teil zu! Ebenso wie die meisten anderen Tier- und Pflanzenarten in ihren Biotopen leidet auch sie unter dem zunehmenden Verlust der Lebensräume. Aber auch der Straßentod hat auf zahlreiche Populationen nachgewiesenermaßen einen negativen Einfluss. Für einige besonders attraktive Unterarten, wie z.B. die San-Francisco-Strumpfbandnatter (*T. s. tetrataenia*), spielt auch der illegale Fang eine Rolle bei der Dezimierung im Freiland. Das hat zur Folge, dass *T. s. tetrataenia* USA-weit und die melanistische Form von *T. s. sirtalis* in Florida, Illinois, Kentucky und Maine unter Schutz stehen. Über die San-Francisco-Strumpfbandnatter halten sich hartnäckig Gerüchte, sie sei in der Natur ausgestorben.

Verbreitung der *Thamnophis-sirtalis*-Unterarten auf dem nordamerikanischen Kontinent

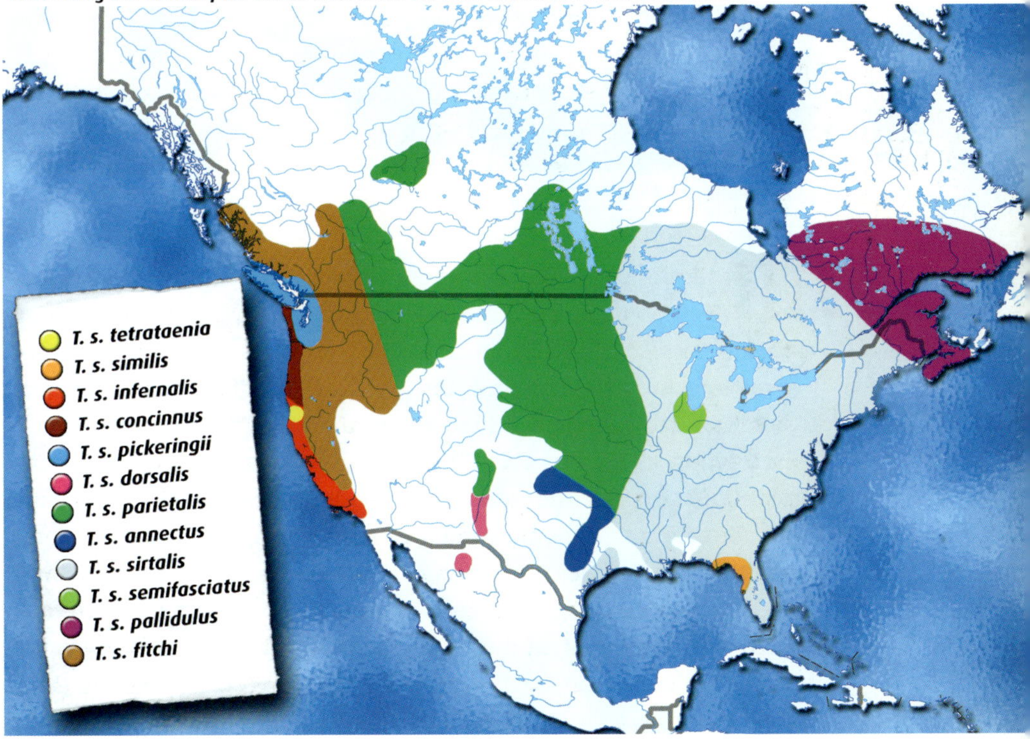

T. s. tetrataenia
T. s. similis
T. s. infernalis
T. s. concinnus
T. s. pickeringii
T. s. dorsalis
T. s. parietalis
T. s. annectus
T. s. sirtalis
T. s. semifasciatus
T. s. pallidulus
T. s. fitchi

Lebensweise

![Thamnophis sirtalis parietalis]

Thamnophis sirtalis parietalis

WIE bereits erwähnt, ist die Gewöhnliche Strumpfbandnatter sicherlich die am besten erforschte Schlangenart der Welt. Die Berichte und Erkenntnisse füllen zahlreiche Bücherregale. Daher können hier nur einige allgemeine Aspekte angeschnitten werden. Während südliche Populationen teilweise ganzjährig aktiv sind, beträgt die Aktivitätszeit in den nördlichsten Populationen lediglich 215 Tage. Die Gewöhnliche Strumpfbandnatter ist überwiegend tagaktiv. Manche Populationen gehen z. B. bei großer Hitze jedoch auch zu einer nachtaktiven Lebensweise über. Das Futterspektrum reicht von Würmern, Schnecken und anderen Wirbellosen über Amphibien, Fische und Mäuse bis hin zu Vögeln. Die Paarungen erfolgen meist unmittelbar nach dem Verlassen der Winterquartiere (März bis Ende April). Die Jungen werden in der Regel vom Hochsommer bis zum frühen Herbst geboren. Ihre Zahl kann zwischen 5 und 85 schwanken. Von den nördlichen Unterarten sind lange Wanderungen zwischen den Jagdgebieten im Sommer und den Winterquartieren bekannt.

Betrachten wir letzteres Phänomen der Wanderungen, um einmal anzudeuten, wie viele faszinierende Details inzwischen aufgrund der kontinuierlichen Forschung bekannt geworden sind. Zunächst muss erstaunen, dass einzelne Populationen über viele Jahre hinweg immer wieder dieselben Quartiere zur Überwinterung aufsuchen. Es hat sich nach

Meinung der Wissenschaftler eine regelrechte „Tradition" unter den Schlangen ausgebildet. Die Wanderungen stellen aber durchaus ein Risiko für die Tiere dar. Kommen sie zu spät, könnte ein plötzlicher Wintereinbruch den Tod bedeuten. Daher müssen die Schlangen über Möglichkeiten der Orientierung verfügen. Es ist bekannt, dass die Tiere sich dabei nicht einfach „nur" an Landmar-

> **WUSSTEN SIE SCHON?**
> Versuche beim so genannten „Supercooling" ergaben, dass Gewöhnliche Strumpfbandnattern eine Temperatur von -5,5 °C für fünf Stunden unbeschadet überstanden. Auch das Gefrieren von 36 % des in ihrem Körper befindlichen Wassers verkraften sie für kurze Zeit. Mit diesen Möglichkeiten überstehen sie einzelne kalte Nächte mühelos.

Melanistischer *Thamnophis sirtalis sirtalis*

ken und Himmelsrichtungen orientieren, sondern dass sie über eine regelrechte innere Landkarte zur Navigation verfügen. Es ist sogar nicht auszuschließen, dass die Tiere dabei das polarisierte Himmelslicht zur Orientierung nutzen. Auch Populationen, die nicht wandern, sind dazu oft potenziell in der Lage, d. h. das Verhaltensmuster „liegt auf Abruf in den Genen bereit". Aber wie erlernen Jungtiere ihre zukünftigen Wanderrouten? Auch hierauf hat die Forschung bereits eine Antwort: Sie folgen Duftspuren, die von älteren, erfahrenen Weibchen („leaders") gezielt für die Jungen gelegt werden. Die Richtung, in der sie einer Duftspur folgen sollen, erkennen die Jungen an der unterschiedlichen Konzentration der Duftstoffe auf den jeweiligen Seiten der markierten Gegenstände, z. B. Steinen oder Ästen. Sie können quasi die Richtung erriechen. Und viele Details mehr warten noch auf ihre Entdeckung.

WUSSTEN SIE SCHON?

Bei der Gewöhnlichen Strumpfbandnatter fanden die Wissenschaftler bei der Untersuchung der Netzhaut des Auges Sinneszellen sowohl zur Aufnahme von grünem als auch von rotem Licht. Daraus lässt sich schließen, dass die Tiere Farben sehen. Ein direkter Beweis ist jedoch schwierig, da sich Schlangen nicht im klassischen Sinn dressieren lassen.

Thamnophis sirtalis parietalis (Kopf links) mit *Thamnophis sirtalis semifasciatus*

Jungtier von *Thamnophis sirtalis*

Von den zahlreichen Sinnen, mit denen die Gewöhnliche Strumpfbandnatter ausgestattet ist, spielt der Geruchssinn eine zentrale Rolle. Dazu sind die Tiere wie alle Schlangen mit einem Spezialorgan ausgestattet, dem Jacobsonschen Organ. Es befindet sich im Gaumendach und bekommt über die Zunge Geruchspartikel der Umgebung von außen zugeführt. Wie man inzwischen weiß, spielen die Zungenspitzen dabei keine Rolle. Fällt das Jacobsonsche Organ aus, zeigen sich die Tiere stark verhaltensauffällig, orientierungslos und haben Probleme beim Orten der Beute. Neben den Riechorganen sind bei der Gewöhnlichen Strumpfbandnatter auch die Augen vergleichsweise gut ausgebildet. In einer Entfernung von 30–60 cm sehen sie selbst kleinere Beutetiere scharf. Der Tastsinn ist ebenfalls bemerkenswert. Spezielle Sinneszellen in den Zungenspitzen und in der Haut nehmen Berührungsreize wahr. Im Kopfbereich (allgemeine Wahrnehmung), an den Seiten der Bauchschuppen (Kontakt zum Untergrund bei der Fortbewegung) sowie im Bereich der Kloake (für die Paarung) sind sie besonders dicht angeordnet. Die für wechselwarme Tiere, wie es alle Reptilien sind, ebenfalls wichtige Wahrnehmung von Temperaturen erfolgt über ein dichtes und über den ganzen Körper verteiltes Netz an Nervenzellen.

Kauf, Transport und Quarantäne

IN ganz Europa unterliegen Handel und Haltung keiner der zwölf Unterarten der Gewöhnlichen Strumpfbandnatter gesetzlichen Auflagen. Auch die San-Francisco-Strumpfbandnatter, in den USA durch strenge Bestimmungen geschützt, ist in Europa frei erhältlich.

Wer eine Gewöhnliche Strumpfbandnatter erwirbt, übernimmt mit dem Besitz auch Verantwortung für das Tier. Daher sollte man sich vor dem Kauf einigen prüfenden Fragen stellen. So muss man sich z. B. fragen: Kann ich dem Tier ein seinen Bedürfnissen angemessenes Terrarium bieten? Bin ich in der Lage, zu jeder Jahreszeit für das passende Futter zu sorgen? Werde ich auch über Jahre hinweg regelmäßig Zeit zur Pflege des Tieres aufbringen? Verfüge ich während längerer Abwesenheit (z. B. Urlaub/Ferien) über jemanden, der sich hin und wieder um das Tier kümmern kann? Bin ich bereit, bei gesundheitlichen Problemen meines Pfleglings den Tierarzt aufzusu-

Typische kleine Plastikbox für den Transport junger Gewöhnlicher Strumpfbandnattern

chen und auch die damit verbundene Rechnung zu akzeptieren? Nur wer auf alle diese Fragen eine für das Tier befriedigende Antwort findet, sollte an den Kauf einer Gewöhnlichen Strumpfbandnatter denken.

Gewöhnliche Strumpfbandnattern kauft man am besten als Nachzuchten bei einem privaten Züchter (Anzeigen in Fachzeitschriften wie der REPTILIA), auch auf Börsen (Termine ebenfalls in der REPTILIA), oder in einem guten Zoofachgeschäft. Es werden Nachzuchten vieler attraktiver Unterarten angeboten; Einige erhält man derzeit sogar ausschließlich als Nachzuchten. Gegenüber Wildfängen sind sie oft bereits über Generationen in Menschenhand gepflegt und körperlich sowie von ihrem Verhalten bestens an die Terrarienhaltung angepasst. Außerdem trägt man durch den Kauf von Nachzuchten zum Erhalt der natürlichen Bestände bei. Vom Erwerb von Wildfängen rate ich ab, da sie häufig mit Krankheiten behaftet sind und nicht selten ganze Epidemien in bestehende Terrarienanlagen einschleppen. Den Aufpreis der Nachzuchten gegenüber vielen Wildfängen sollten diese Überlegungen allemal aufwiegen.

In jedem Fall sollte man ausreichend Zeit haben, das ausgewählte Tier in Ruhe zu beobachten. Lassen Sie sich dabei nicht hetzen und kommen Sie eventuell sogar zu einem anderen Termin nochmals zur Besichtigung (z. B. im Zoofachhandel). Der Verkäufer sollte auch in der Lage sein, auf alle Fragen sachkundig zu antworten. Bei einem privaten Züchter kann man sich auch die Elterntiere zeigen lassen. Gut ist es, wenn man bei einer Fütterung sehen kann, dass das Tier auch frisst. Wenn man es direkt nach der Fütterung transportiert, besteht die Gefahr, dass die Nahrung wieder ausgewürgt wird. Den Tieren schadet das aber nicht. Als Einsteiger würde ich die Tiere – und seien sie noch so schön – nur dort kaufen, wo ich das uneingeschränkte Gefühl habe, dass der Anbieter umfassende Kenntnisse über Strumpfbandnattern besitzt. Im Zweifelsfall sollte man einen Bekannten mit-

DER PRAXISTIPP

Beobachten Sie die Schlange Ihrer Wahl vor dem Kauf gut! Achten Sie auf folgende Punkte:
- interessiertes, aktives Verhalten
- natürliche Körperspannung beim Halten in der Hand
- guter Ernährungszustand
- saubere, unverschmierte Kloake
- von Hautfetzen freie Augen und Schwanzspitze
- knotenfreie, glatte Haut
- geschlossenes, entzündungsfreies Maul

Styroporboxen schützen die Neuerwerbungen vor allzu großen Temperaturschwankungen.
Foto: M. Barts

nehmen, der sich besser aus-
kennt.

Junge Gewöhnliche Strumpfbandnattern transportiert man
am besten in „Heimchendosen"
oder anderen kleinen Behältern.
Zur Polsterung und zum Aufsau-
gen von Kot kann man einige zer-
rissene Haushaltstücher mit in die
Box geben. Ältere Tiere kann man
in gut verschlossenen Leinenbeu-
teln befördern. Zuvor müssen jedoch die Nähte auf Dichtigkeit ge-
prüft werden. Der Beutel muss

ausbruchssicher z. B. mit einem
Seil verschnürt werden, ohne die
Schlange dabei zu verletzen. Dabei sollte der Beutel auf „links"
gedreht werden, um eine Verlet-
zung der Schlange an den Naht-
überständen (Strangulation) zu
vermeiden. In jedem Fall muss
die Transporteinheit in eine tem-
peraturstabile Umverpackung
(z. B. eine Styroporkiste) gelegt
werden, um vor extremer Hitze
oder Kälte zu schützen. So überstehen die Schlangen auch eine mehr-

stündige Reise ohne Probleme. Zu Hause angekommen, werden alle Neuzugänge für etwa sechs Wochen in ein hygienisch eingerichtetes kleineres Quarantäneterrarium gesetzt. Fließpapier als Bodengrund, Papprollen als Unterschlupf und eine Plastikschale mit Wasser reichen als Grundausstattung aus. Eine Nachttischlampe von 40–60 W, die eine Ecke des Terrariums beleuchtet, genügt als Wärmequelle und Beleuchtung. Das Terrarium wird wöchentlich gereinigt und mit neuen Einrichtungsgegenständen versehen. Während der Qua-

rantänezeit untersucht man die Tiere täglich auf körperliche oder Verhaltensveränderungen. Machen Sie auch nachts unregelmäßige Kontrollen mit der Taschenlampe. Milben sind dann leichter auf der Haut der Schlangen zu entdecken. Gehen die Tiere über sechs Wochen normal ans Futter und zeigen keinerlei Auffälligkeiten, so können sie in ihr zuvor eingerichtetes Dauerterrarium gesetzt werden. Wer sicher gehen will oder Wildfänge erworben hat, dem würde ich zu einer vorsorglichen Kotuntersuchung beim Tierarzt raten.

Reptilienbörsen bieten viel Auswahl, aber auch im Fachhandel kann man Beratung und gesunde Tiere finden. Foto: K. Kunz

Terrarium

DAS Material, aus dem ein Terrarium für Gewöhnliche Strumpfbandnattern besteht, ist den Tieren ziemlich gleichgültig. Es ist die Sache des Pflegers, welche Konstruktion ihm am günstigsten erscheint. In Frage kommen z. B. Plastik-Terrarien, von denen es zahlreiche, meist kleinere Modelle im Fachhandel zu kaufen gibt (z. B. „Faunaboxen"). Viele Terrarianer bauen Terrarien aus Holz, weil das Material vergleichsweise einfach zu verarbeiten ist. Spezielle Anstriche machen es gegen Feuchtigkeit resistent. Styropor wird ebenfalls zum Terrarienbau verwendet. Seine wärmedämmenden Eigenschaften bleiben unerreicht. Dennoch ist Glas das Material, aus dem die meisten Terrarien bestehen. Und das aus gutem Grund: Glas erlaubt die umfassendsten Einblicke in den Innenraum, es verkratzt nicht, ist einfach zu reinigen und über Jahrzehnte beständig. Glasterrarien werden in vielen unterschiedlichen Standardgrößen,

Einfach eingerichtetes Terrarium für Gewöhnliche Strumpfbandnattern

aber auch als Sonderanfertigungen im Fachhandel angeboten.

Das Terrarium für Jungschlangen muss nicht groß sein. Die Tiere werden sonst schnell scheu, und die Kontrolle über die Futteraufnahme wird unnötig erschwert. Für erwachsene Tiere sollte die Grundfläche für eine Gruppe von zwei Männchen und einem Weibchen 100 x 50 cm nicht unterschreiten. Die Höhe des Terrariums ist weniger von Bedeutung. Sie kann zwischen 35 und 100 cm schwanken. Hinweise zur Größe des Terrariums können auch dem Gutachten für die „Mindestanforderungen an die Haltung von Reptilien" des Bundesministeriums für Ernährung, Landwirtschaft und Forsten, Referat Tierschutz, entnommen werden, wenngleich viele Praktiker die darin geforderten Terrarienmaße für Strumpfbandnattern als sehr großzügig einstufen. Wichtig ist, dass das Terrarium ausbruchssicher ist! Für den Einsteiger ist es oft kaum vorstellbar, dass junge Strumpfbandnattern z. B. durch den Spalt der Schiebescheiben oder durch kleine Bohrlöcher für Kabel entweichen können.

An die Einrichtung ihres Terrariums stellen Gewöhnliche Strumpfbandnattern vergleichsweise geringe Anforderungen. Ein 3–5 cm hoher Bodengrund aus z. B. Buchenspänen, Rindenmulch, unbehandelter Blumenerde oder anderen Materialien dient zur Aufnahme des Kots. Außerdem können die Schlangen gelegentlich darin wühlen. Mehrere Unterschlupfmöglichkeiten lassen sich z. B. aus Korkeichenrinde, Keramikschalen oder Steinplatten (Vorsicht: Rutschgefahr! Absicherung erforderlich) gestalten. Der Wasserbehälter sollte so groß sein, dass eine ausgewachsene Gewöhnliche Strumpfbandnatter bequem darin baden kann (z. B. 1-l-Behälter). Als Wärmequelle dient ein 60-W-Spotstrahler, der eine Ecke des Terrariums erwärmt, sodass ein Temperaturgefälle entsteht. Dieses Gefälle ist wichtiger als eine konstante und überall gleiche Terrarientemperatur. So können sich die Schlangen ihre jeweilige Vorzugstemperatur aussuchen. Eine Beleuchtung mit

DER PRAXISTIPP

Die Gewöhnliche Strumpfbandnatter kommt in der Natur gerne in der Nähe feuchter Gebiete vor. Daraus wird für die Haltung oft der falsche Schluss gezogen, dass auch ihr Terrarium z. B. durch einen großen Wasserteil feucht gehalten werden müsse. Die Folge sind nicht selten Hautkrankheiten aufgrund der zu feuchten Haltung. Verzichten Sie daher auf schön gestaltete Aqua-Terrarien und Paludarien.

Für antik angehauchte Terrarianer: Amphore als Unterschlupf

UV-Licht ist nicht notwendig. Um Verbrennungen zu vermeiden, wird der Spotstrahler außerhalb des Terrariums installiert. Bei Beleuchtungen, die nur innerhalb zu installieren sind, ist unbedingt

Winkelkralle aus Draht zum Fixieren der Frontscheiben

auf die Verkleidung des Leuchtmittels durch inzwischen handelsübliche Schutzhauben zu achten. Bei Aufzuchtterrarien kann als zusätzliche Wärmequelle noch mit einer Heizmatte unterhalb des Terrariums gearbeitet werden. Dabei muss ebenfalls darauf geachtet werden, dass die Heizmatte nicht mehr als die Hälfte des Bodens erwärmt. Das Terrarium muss immer auch eine kühlere Ecke aufweisen. Die Temperaturen im Terrarium sollten zwischen 20 und 28 °C schwanken. Eine Nachtabsenkung um einige Grad ist sinnvoll. Im Spotstrahler dürfen auch über 40 °C erreicht

werden. Soweit die Grundausstattung eines Terrariums für Gewöhnliche Strumpfbandnattern.

Alle weiteren Einrichtungsgegenstände sind aus Sicht der Schlangen „Luxus". Zusätzliche Beleuchtungen, Kletteräste, schön gestaltete Rückwände, künstliche oder echte Pflanzen: All das macht ein Terrarium für viele Halter erst betrachtenswert. Die Schlangen werden die Gegenstände gerne akzeptieren; unbedingt n o t w e n d i g sind sie jedoch nicht. Bei jeder Terrariengestaltung ist aber auf die Bedürfnisse der Tiere mit oberster Priorität zu achten: Kletteräste oder Steinaufbauten müssen so gesichert sein, dass sie die Schlangen nicht quetschen können, bei echten Pflanzen ist zu bedenken, dass durch deren Pflege in kleineren Behältern das Terrarienklima zu feucht werden kann u. Ä.

> ### DER PRAXISTIPP
> Die Frontscheiben eines Terrariums verschieben sich zuweilen ungewollt, oder man lässt sie unachtsam offen stehen, ohne es zu bemerken. Ein hilfreiches Detail ist ein gebogener Draht, der das Verschieben verhindert. Er ermöglicht auch eine schnell Kontrolle, ob alle Scheiben geschlossen sind. Er passt nur zwischen die Scheiben, wenn sie bis zum Anschlag an den Wänden in der absolut richtigen Position sind. Ein Terrarienschloss erfüllt den gleichen Zweck, erfordert jedoch einige Handgriffe mehr.

Handhabung und Pflegearbeiten

EINE Frage, die jeder Halter von Schlangen kennt, wenn Fremde ihn besuchen: „Sind die giftig?" Für die Gewöhnliche Strumpfbandnatter ist die Frage klar mit einem eindeutigen „nein!" zu beantworten. Die Tiere verfügen über keinerlei Giftzähne. Leichte Vergiftungserscheinungen durch den Mundspeichel dieser Art sind extrem selten. Außerdem zeigen sich die meisten Exemplare stets friedfertig. Aggressive Tiere sind im Vergleich zu manch anderen Schlangengattungen sehr selten. Jeder Strumpfbandnatternhalter muss auch die Handhabung seiner Pfleglinge beherrschen. Beim Säubern des Terrariums müssen die Tiere z. B. kurzfristig in eine „Faunabox" umgesetzt werden. Es kann außerdem vorkommen, dass Häutungsreste entfernt werden müssen, eine Zwangsfütterung erfolgen muss, ein Besuch beim Tierarzt notwendig wird oder gar ein Medikament zu verabreichen ist. In all diesen Fällen ist eine ordnungsgemäße Handhabung unerlässlich. Gewöhnliche Strumpfbandnattern sind etwas temperamentvoller als manch andere Schlangen. So zeigen sie sich auch in der Hand aktiver. Am besten nimmt man sie in der Körpermitte, die man in einigen Windungen in die Hand legt und dann mit Gefühl festhält. Das verhindert ein rasches und unkontrolliertes Entweichen. Es kann auch durchaus passieren, dass die Schlange bei Stress in der Hand ein übel riechendes Sekret aus der Kloake absondert. Alles, was damit in Berührung kommt (z. B. Hände, Kleidung, Fußboden), stinkt nachhaltig. Ein bereitliegendes Haushaltstuch kann hilfreiche Dienste leisten. Bei regelmäßiger Handhabung verlieren die meisten Tiere jedoch den Drang, dieses Abwehrsekret abzusondern. Gewöhnliche Strumpfbandnattern sind pflegeleicht. Beim wöchentlichen „kleinen Service" werden Kotspuren und Hautreste aus dem Terrarium entfernt sowie das Wasser gewechselt und der Wasserbehälter gereinigt. Auch die technischen Einrichtungen (z. B. Wärmelampe, Heizmatte) werden dabei auf ihre Funktionen überprüft. Der Zustand der Schlangen wird gezielt begutachtet. Oft findet der „kleine Service" aus praktischen Gründen in

Zusammenhang mit der Fütterung statt.

Der „große Service", eine komplette Grundreinigung, sollte je nach Größe des Terrariums und dem Besatz mit Schlangen etwa jedes halbe Jahr erfolgen. Dabei werden alle Gegenstände aus dem Terrarium entfernt. Verbrauchsmaterial, wie z. B. der Bodengrund, wird entsorgt und durch neues ersetzt.

Gewöhnliche Strumpfbandnattern und Urlaubszeit – kein Problem! Die Tiere werden ungefähr eine Woche vor Abreise zum letzten Mal gefüttert. Kurz vor Urlaubsantritt schaltet man dann alle Wärmequellen (auch das Licht) aus und füllt den Wasserbehälter nochmals bis zum Rand. Die folgenden 2–3 Wochen simulieren den Tieren eine Schlechtwetterperiode, in der sie nicht

Jungtier von *Thamnophis sirtalis sirtalis* „flame" bei der Häutung

Unterschlupfmöglichkeiten und Wasserbehälter werden gründlich gereinigt. Das komplette Terrarium desinfiziert man mit einem antibakteriellen Mittel und wäscht es anschließend mit klarem Wasser nochmals aus. Nach dem Abtrocknen können Sie den Behälter mit neuen Materialien wieder einrichten. Gegenstände, die im Terrarium verbleiben sollen, werden so gut wie möglich gesäubert, z. B. mit heißem Wasser.

so aktiv sind. Wieder zu Hause angekommen, nimmt man Licht- und Wärmequellen wieder in Betrieb. So überstehen gesunde Gewöhnliche Strumpfbandnattern schadlos mehrere Wochen. Dennoch ist es sinnvoll, eine Urlaubsvertretung um gelegentliche Kontrollbesuche zu bitten.

Ernährung

IM Freiland ernährt sich die Gewöhnliche Strumpfbandnatter von sehr unterschiedlichen Futtertieren. Säuger, Reptilien und Amphibien stehen ebenso auf der Speisekarte wie Fische, Würmer, Insekten oder Weichtiere. Diese Vielfalt können wir ihr im Terrarium normalerweise nicht bieten. Das brauchen wir aber auch nicht! Die Tiere lassen sich schnell und einfach an verschiedene gängige Futtertiere gewöhnen. Wildentnahmen von Amphibien oder anderen geschützten Tierarten verbieten sich aufgrund artenschutzrechtlicher Bestimmungen.

Für die Terrarienhaltung der Gewöhnlichen Strumpfbandnatter sind Fische und Mäuse oder junge Ratten die Futtertiere der Wahl. Alle drei sind im Fachhandel erhältlich – lebendig oder als Tiefkühlkost. Totfutter hat den Vorteil, dass es zu allen Jahreszeiten zu haben ist und in größe-

ren Mengen auf Vorrat im Gefrierschrank gelagert werden kann. Außerdem kann den Schlangen kein Schaden durch die Futtertiere zugefügt werden, wie das eventuell bei lebenden Futtermäusen der Fall sein könnte. Überschüssiges Futter ist ebenfalls einfacher aus dem Terrarium

zu entfernen. Generell jedoch muss die Größe der Futtertiere der Größe der Schlangen angepasst sein. Fische und Nager sind in unterschiedlichen Arten und Altersstadien im Fachhandel erhältlich. Salzwasserfische sind für die Fütterung von Gewöhnlichen Strumpfbandnattern ungeeignet. Für Jungschlangen muss das Futter manchmal zerschnitten wer-

den. Zerschneidet man große Futtertiere, so ist darauf zu achten, dass die Jungen sich nicht an Gräten oder Knochen verletzen können. Es ist ratsam, die Futtersorten abzuwechseln oder zu mischen. Die Tiere bleiben dann gesünder, und manche ernährungsbedingten Probleme bleiben aus. Ergänzt werden kann das Futter ab und zu beispiels-

Thamnophis sirtalis sirtalis „speckled flame" beim Fressen einer Maus

Fisch ist ein Hauptbestandteil der Ernährung Gewöhnlicher Strumpfbandnattern. Hier: *Thamnophis sirtalis parietalis*

weise durch Regenwürmer, Stücke vom Rinderherz oder Putenstreifen.

Die Futtermenge kann ruhig recht üppig sein, sodass sich die Tiere richtig satt fressen können. Dann sollten erwachsene Gewöhnliche Strumpfbandnattern aber nicht häufiger als 1–2 Mal pro Woche gefüttert werden. Auch Stumpfbandnattern können verfetten. Wer mehrere Tiere in einem Terrarium hält, muss bei der Fütterung unbedingt anwesend sein. Es kommt nämlich regelmäßig vor, dass sich Tiere in dasselbe Futterstück verbeißen. Dann besteht die Gefahr, dass eine Schlange die andere auffrisst. Der Halter muss dann beide Tiere durch beherztes Eingreifen trennen. Wer nicht viele Schlangen pflegt, der kann sie auch zur Fütterung getrennt z. B.

regelmäßig mit zusätzlichen Vitaminen und Mineralstoffen zu versehen. Eine ganz besondere Rolle kommt dabei vor allem bei regelmäßiger Fütterung von Fisch dem Vitamin B_1 (Thiamin) zu. Eine ausreichende Zufuhr dieses Vitamins ist für die Tiere lebensnotwendig. Andernfalls können Mangelerscheinungen auftreten, die bei Nichtbehandlung tödlich enden. Fisch enthält ein Enzym (Thiaminase), das selbst bei Tiefkühlung das Thiamin zersetzt. Daher muss dem Futter regelmäßig Vitamin B_1 beigefügt werden. Alle 2–3 Fütterungen wird eine Messerspitze Vitaminpulver über das Futter gestreut. Ich verwende das Präparat „Korvimin ZVT", dem ich auf eine 200-g-Dose einen Teelöffel reines Vitamin B_1 beimenge (aus der Apotheke). Da Weißfische (z. B. Goldfische oder Karpfen) sehr viel Thiaminase enthalten, sollte man sie nicht verfüttern.

in eine Faunabox setzen. Die Tiere können außerdem mittels einer langen Pinzette „von Hand" gefüttert werden. Ich gebe das Futter immer in einer kleinen Plastikschale, aus der sich die Tiere dann selbst bedienen.

Wie für alle Strumpfbandnattern, so ist es auch für die Gewöhnliche Strumpfbandnatter für eine dauerhafte Gesunderhaltung unbedingt notwendig, das Futter

Gesundheit

DIE Gewöhnliche Strumpfbandnatter gilt als robustes Terrarientier. Das ist sie auch! Sie neigt nicht zum Kränkeln. Wer gesunde Tiere erwirbt und sie ihren Bedürfnissen entsprechend hält, wird viel Freude mit ihnen haben. Für die Gesundheitsfürsorge sind drei Bereiche von besonderer Bedeutung:

1. Kauf der Tiere

Beim Erwerb der Tiere ist unbedingt darauf zu achten, dass die Tiere gesund sind. Die Strumpfbandnattern sollten ihrem Alter entsprechend kräftig sein. Im Verhalten müssen sie aktiv und interessiert erscheinen. Auf der Hand muss eine gesunde Körperspannung zu erkennen sein. Je nach Einschätzung der Bezugsquelle oder auch nur bei persönlicher Unsicherheit würde ich immer zu einem baldigen Besuch bei einem Tierarzt mit Erfahrungen bei Reptilienkrankheiten raten. Er kann den allgemeinen Gesundheitszustand am besten ermitteln und eventuell notwendige Maßnahmen einleiten.

2. Neuzugänge

Das ist ebenfalls ein heikler Punkt, über den sich mancher Terrarianer Krankheiten in seine Anlage holt. Grundsätzlich sollten alle neu erworbenen Strumpfbandnattern in ein kleines Quarantäneterrarium gesetzt werden. Einrichtung und Umgang damit wurden bereits in Kapitel „Kauf, Transport und Quarantäne" beschrieben. Die Wichtigkeit soll an dieser Stelle aber nochmals hervorgehoben werden. Nach z. T. sehr schmerzhaften Erfahrungen setze ich inzwischen ausnahmslos alle – auch die Tiere gut bekannter und erwiesenermaßen vorbildlich arbeitender Kollegen – für 6–8 Wochen in Quarantäne. Kein Verkäufer der Welt – auch ich nicht – kann garantieren, dass im äußeren Bild gesund erscheinende Tiere nicht doch schon Krankheitserreger in sich tragen. Diese brechen vielleicht sogar erst unter veränderten Haltungsbedingungen hervor. Daher immer Quarantäne!

3. Futter

Das Futter ist eine weitere mögliche Quelle für Krankheitserreger. Selbst Frostfutter ist keine Garantie dafür, dass nicht doch z. B. Dauerstadien von Darmparasiten in ihm überleben könnten. Allerdings gibt es keine sichere Methode, diese Gefahr zu vermeiden. Auch bei professionellen Anbietern bleibt hier ein gewisses „Restrisiko", mit dem man als Halter leben muss.

Vorbeugend gegen Vitaminmangelerscheinungen sollte dem Futter regelmäßig ein Vitaminpräparat beigemischt werden. Aber man darf dabei auf gar keinen Fall nach der Devise „viel hilft viel" handeln. Es gibt auch Krankheitsformen aufgrund zu hoher Vitamingabe! Wer Gewöhnliche Strumpfbandnattern hält, sollte wie im Kapitel „Ernährung" angesprochen unbedingt auf eine ausreichende Zufuhr von Vitamin B_1 achten.

Sollten sich die Tiere einmal unvollständig häuten, muss ihnen geholfen werden. Körperstellen, an denen häufig Hautreste verbleiben, sind das Auge (die sog. Brille, also die durchsichtige Schuppe über dem Auge) und die Schwanzspitze. Die Schlangen werden dann in einen Behälter

Abszess bei einem adulten *Thamnophis sirtalis sirtalis* „flame"

Eine gesunde Strumpfbandnatter belohnt den Pfleger durch ihr interessantes Verhalten und ihre schöne Färbung. Hier: *Thamnophis sirtalis parietalis.*

(z. B. Faunabox) gesetzt, der zu einem Drittel mit lauwarmem Wasser befüllt ist. Nach 15–30 Minuten haben sich die Hautreste entweder von selbst gelöst oder lassen sich einfach mit den Fingern entfernen.

Wenn Tiere krank werden, so ist ihnen das meist nicht sofort an-zumerken. Erste Anzeichen sind oft Auffälligkeiten im Verhalten. Wer seine Tiere eine Zeit lang gehalten hat, kennt das Verhaltensrepertoire seiner Zöglinge. Abweichungen davon über mehrere Tage können erste Hinweise auf Krankheiten sein. Es gilt, nicht zu lange mit einem Besuch beim ver-

milbe *Ophionyssus natricis* vor allem bei Wildfängen oft auf. Als Darmparasiten sind Saugwürmer, Bandwürmer, Fadenwürmer sowie zahlreiche Einzeller bekannt. Aufgrund zu feuchter Haltung kann bei der Gewöhnlichen Strumpfbandnatter die Bläschenkrankheit auftreten. Die Maulfäule als Bakterieninfektion ist ebenfalls zu den häufigeren Krankheiten zu rechnen. Wildfänge zeigen besonders nach längeren Transporten auch Atemwegserkrankungen wie z. B. Lungenentzündung. In jedem Fall muss bei begründeten Verdachtsmomenten ein Fachmann hinzugezogen werden. Eine Liste von Veterinären, die Erfahrungen mit der Behandlung von Reptilienkrankheiten haben, können Sie über die DGHT (s. u.) bzw. über deren Homepage www.dght.de einsehen. Medikamentöse Behandlungen durch Laien sind abzulehnen.

sierten Tierarzt zu warten. Sind die Schlangen bereits bei längerer Futterverweigerung oder gar Apathie angelangt, kann oft auch der Veterinär nicht mehr helfen. Die häufigsten Krankheiten bei der Gewöhnlichen Strumpfbandnatter sind Parasitosen. Als Außenparasiten tritt die Schlangen-

WUSSTEN SIE SCHON?

Alle in Europa befindlichen Exemplare der San-Francisco-Strumpfbandnatter (*T. s. tetrataenia*) stammen von nur fünf Tieren ab. Sie wurden 1986 nach Europa eingeführt. Daher treten bei ihrer Haltung und Vermehrung manchmal Inzuchtprobleme auf. Derzeit wird diese Unterart zwar regelmäßig auch in größeren Stückzahlen nachgezogen, doch es gibt ebenso regelmäßig Berichte über unvermittelte Verluste ohne ersichtlichen Grund. Daher würde ich diese Unterart dem Einsteiger nicht unbedingt empfehlen.

Vermehrung

DIE Gewöhnliche Strumpfbandnatter ist im Alter von 2–3 Jahren fortpflanzungsfähig. Auch jüngere Tiere können sich zuweilen schon vermehren. Ob das für die Tiere gesund ist, sei dahingestellt. Ich würde dazu raten, die Tiere bis zum Alter von mindestens zwei Jahren getrennt zu halten und sie erst dann zu verpaaren. Eine triviale Voraussetzung zur Vermehrung der Gewöhnlichen Strumpfbandnatter ist der Besitz beider Geschlechter. Weibchen sind etwa ab dem zweiten Lebensjahr bei sonst gleichen Haltungsbedingungen deutlich größer als ihre männlichen Artgenossen. Kennt man das Alter der Tiere jedoch nicht sicher, so geben Größenvergleiche keine brauchbaren Hinweise auf das Geschlecht. Auch die Schwanzlänge (bei Männchen größer als bei Weibchen) ist nur mit viel Erfahrung als Kriterium heranzuziehen. Sicherer – zumindest bei Tieren ab etwa einem Jahr – ist das Erscheinungsbild des Schwanzansatzes. Bei den

Melanistische Jungtiere von *Thamnophis sirtalis sirtalis* unmittelbar nach der Geburt; oben noch in der Eihülle, unten direkt beim Schlüpfen aus der Eihülle

Jungtier von *Thamnophis sirtalis*

Männchen befindet sich hinter der Kloake im ersten Drittel des Schwanzes eine sichtbare Verdickung. Sie rührt von dem eingestülpten (paarig angelegten) Geschlechtsorgan her, den Hemipenes. Bei den Weibchen zeigt der Schwanzansatz hingegen eine sofortige Verjüngung nach der Kloake. Eine recht sichere Geschlechtsbestimmung erbringt das Sondieren der Schlangen. Dabei fährt man vorsichtig mit einer der Körpergröße angemessenen, stumpfen Metallsonde unterhalb der Kloake im Körperinneren des Tieres schwanzwärts. Lässt sich die Sonde nur ca. 3–4 Schuppen weit einführen, handelt es sich um ein Weibchen. Dringt die Sonde hingegen 10–11 Schuppen tief ein, so ist das Tier ein Männchen. Die Methode erfordert jedoch sehr viel Fein-

> **DER PRAXISTIPP**
> Erfahrene Züchter holen den natürlichen Verhältnissen entsprechend die männlichen Tiere 1-2 Wochen vor den Weibchen aus der Winterruhe. Das hat den Vorteil, dass sie bereits ihre Sexualhormone aufbauen können, sodass die Paarungen nach dem Zusetzen der Weibchen alsbald erfolgen.

WUSSTEN SIE SCHON?

Die Rotseiten-Strumpfbandnatter (*T. s. parietalis*) zeigt ein wirklich spektakuläres Überwinterungsverhalten: In einer Höhle in Manitoba (Kanada) treffen sich alljährlich über 10.000 Schlangen, um gemeinsam zu überwintern. Im Frühjahr verlassen sie alle innerhalb weniger Tage das Quartier. Der Boden ist dann flächendeckend mit Schlangen übersät. Das Überwinterungsquartier ist aber leider nicht nur ein Ziel für Touristen und Fotografen. Auch viele Tierfänger haben das Ereignis in ihren Terminplan eingebaut.

gefühl und sollte unbedingt erst bei einem erfahrenen Schlangenhalter erlernt werden. Gleiches gilt für das so genannte „popping“. Bei Jungtieren der Gewöhnlichen Strumpfbandnatter lässt sich dieses Verfahren besonders gut anwenden. Dabei versucht man, den maximal wenige Wochen alten Jungtieren mit viel Gefühl an der Schwanzwurzel die Genitalien heraus zu massieren. Es ist dann deutlich zu erkennen, ob sich zwei kleine Hemipenes ausstülpen oder eben nicht.

Ob eine kühle Überwinterung der Gewöhnlichen Strumpfbandnatter eine Voraussetzung für die erfolgreiche Vermehrung darstellt, ist durchaus umstritten. Das mag auch von der jeweiligen Unterart abhängen. Fakt ist jedoch, dass

Überwinterung im Kühlschrank

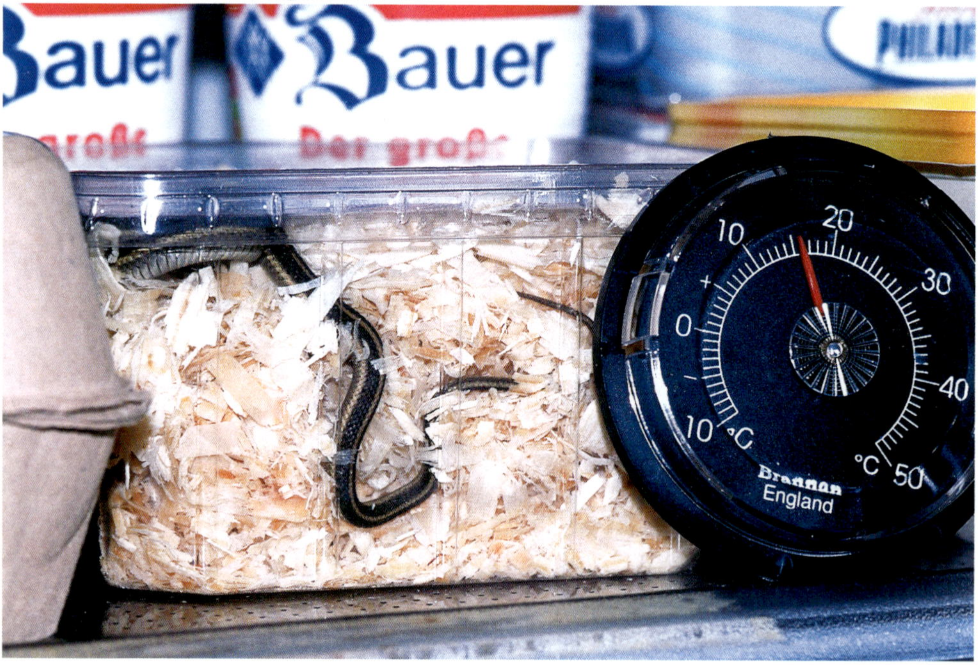

eine solche Überwinterung gesunden und nicht trächtigen Tieren keinesfalls schadet; auch den südlicher vorkommenden Unterarten nicht! Und im gesamten Verbreitungsgebiet dieser Art ist eine Abkühlung während der Wintermonate natürlich. Daher überwintere ich alle Vertreter der Gewöhnlichen Strumpfbandnatter „kalt". Die kühle Phase kann bis zu drei Monate betragen, Minimum sollten aber 4–6 Wochen sein. Das Winterquartier sollte frostfrei sein, und die Temperaturen dürfen 10–12 °C nicht übersteigen. Der geeignetste Ort hierfür ist der Kühlschrank. Für manchen mag die Vorstellung gewöhnungsbedürftig sein, seine Schlangen neben der Margarine, dem Käse und den Eiern aufzubewahren. Aber Reptilienhalter wissen schon lange die Vorteile einer Überwinterung im Kühlschrank zu schätzen: Konstante 6–8 °C, ausreichende Luftfeuchtigkeit und wenig Störungen. Der Kühlschrank ist die perfekte Simulation einer Höhle im Erdreich. Am besten ist es, wenn man über ein separates Kühlfach oder einen eigenen Kühlschrank zur Überwinterung verfügt. Ich überwintere meine Tiere einzeln in Plastikboxen mit Deckel (z. B. leere Speiseeisboxen von 1 Liter), in denen feuchte Kleintierstreu (nicht zu nass, am Boden darf kein Wasser stehen) fast bis zum Rand aufgefüllt ist und in deren Deckel sich nur wenige kleine Luftlöcher befinden. Die Feuchtigkeit kann kaum entweichen und bildet kleine Kondenströpfchen am Deckel. Die Tiere brauchen dann auch keine zusätzliche Trinkmöglichkeit. Der Deckel muss aber gut verschlossen sein, damit die Tiere nicht im Kühlschrank umherwandern können. Zur Einwinterung werden im November oder Dezember alle Wärmequellen des Terrariums ausgeschaltet und man stellt die Fütterung ein. Wenn möglich, wird auch der Terrarienraum etwas abgekühlt. Nach einer Woche wird die Beleuchtung ebenfalls gelöscht. Nach einer weiteren Woche überführt man die Tiere in die beschriebenen Überwinterungsbehälter und lagert sie im Kühlschrank. Nach Beendigung der Winterruhe verfährt man in umgekehrter Reihenfolge: Eine Woche im dunklen kühlen Terrarium, dann die Beleuchtung einschalten und erst 1–2 Wochen später die Wärmequellen wieder in Betrieb nehmen. Erst dann kann wieder gefüttert werden.

Jungtier von *Thamnophis sirtalis sirtalis* „flame"

Männchen in Paarungsstimmung kriechen auf dem Rücken der Weibchen entlang. Dabei zeigen sie rhythmisch zuckende Bewegungen mit ihrem ganzen Körper. Oft versuchen sich gleich mehrere Männchen an einem Weibchen. Das Männchen ist dabei bemüht, die Kloakenregion des Weibchens leicht anzuheben und mit einem seiner beiden Hemipenes in die Kloake einzudringen. Die Paarung selbst dauert bei der Gewöhnlichen Strumpfbandnatter im Durchschnitt 10–20 Minuten. Paarungen über eine Stunde hinaus sind eher selten. Während der Paarung wird das Männchen vom Weibchen oft sehr ungestüm über alle Hindernisse hinweg im Terrarium umhergeschleift. Nach erfolgreicher Paarung kann es zu weiteren Paarungen mit demselben oder mit anderen Männchen kommen.

Das Weibchen sammelt das Sperma in einer Samentasche. Die Eier können über Monate hinweg aus diesem Vorrat befruchtet werden. Der Beginn der Trächtigkeit ist demnach selten identisch mit der Begattung. Die Trächtig-

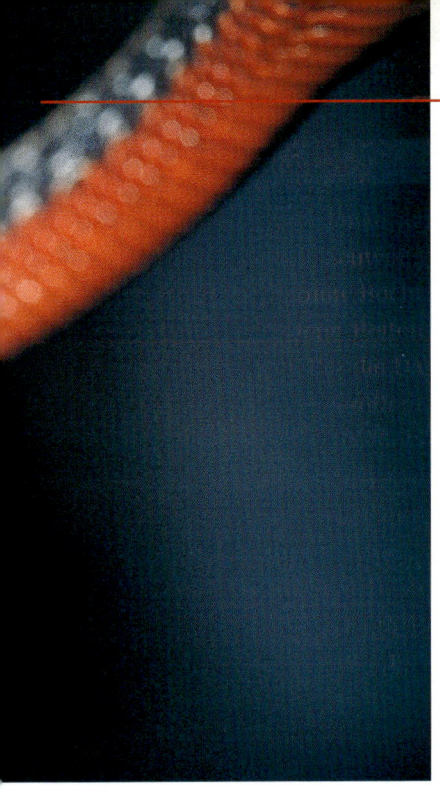

zwischen sind vor allem ältere Weibchen auch auffallend dicker geworden.

Bei der Geburt beginnt das Weibchen, langsam im Terrarium umherzukriechen. Peristaltische Wellen von der Körpermitte in Richtung Kloake pressen die Jungtiere nacheinander aus dem Geburtskanal. Die Gewöhnliche Strumpfbandnatter ist wie alle Vertreter ihrer Gattung ovovivipar, d. h. sie bringt lebende Junge zur Welt, die jedoch noch in einer durchsichtigen Eihülle geboren werden. Diese platzt bei der Geburt auf oder wird anschließend von den Jungen durchstoßen. Sollten die Jungen dazu einmal zu schwach sein, kann der Pfleger vorsichtig nachhelfen, indem er die Eihaut mit der Hand öffnet. Zuvor hat man den Zwischenraum der Schiebescheiben im Terrarium der Mutter mit z. B. Fensterisolierband abgedichtet.

> **WUSSTEN SIE SCHON?**
> Männchen der Rotseiten-Strumpfbandnatter (*T. s. parietalis*) müssen sich nach dem Verlassen ihres Massenquartiers im Frühjahr (s. o.) mit Tausenden von Konkurrenten um die paarungsbereiten Weibchen streiten. Einige bedienen sich dabei eines genialen Tricks: Sie ahmen die Duftstoffe (Pheromone) der Weibchen nach. Dadurch sorgen sie bei den Nebenbuhlern für Verwirrung, die sie zu ihren Gunsten zu nutzen suchen. Solche Männchen werden als „shemales" („Pseudoweibchen") bezeichnet.

keit dauert bei der Gewöhnlichen Strumpfbandnatter 2,5–3 Monate – abhängig von verschiedenen Faktoren, von denen die Temperatur einer der Wichtigsten sein dürfte. Trächtige Weibchen nehmen gerne mehr Futter auf als sonst für das Tier üblich. Gegen Ende der Trächtigkeit ändert sich das Verhalten der Tiere merklich: Die Schlangen wärmen sich häufiger unter dem Strahler oder auf der Heizmatte, wandern unruhig im Terrarium umher, und wenige Tage vor der Geburt stellen sie nicht selten das Fressen ein. In-

Aufzucht der Jungtiere

DIE Jungtiere der Gewöhnlichen Strumpfbandnatter sind von Beginn an selbstständig. Meist erfolgt innerhalb der ersten Stunden ihre erste Häutung. Ich unterstütze die Tiere dabei, indem ich sie aus dem Terrarium sie zur Aufzucht am besten in kleine, sehr spartanisch eingerichtete Terrarien oder Faunaboxen. Etwas Bodengrund oder ein Stück Haushaltspapier, ein kleiner Wasserbehälter sowie eine Unterschlupfmöglichkeit sind

Aufzuchtterrarium für junge Gewöhnliche Strumpfbandnattern. Hier: *Thamnophis sirtalis concinnus.*

des Muttertieres herausfange und für 1–2 Stunden in eine ausbruchssichere Faunabox mit feuchtem Fließpapier als Bodengrund umsetze. Die Häutung fällt den Jungschlangen dort sichtlich leichter. Anschließend kommen vollkommen ausreichend. Eine leichte Bodenheizung (z. B. unter der Hälfte des Terrariums eine 15-W-Heizmatte) oder eine 40-W-Wärmelampe, die eine Ecke des kleinen Terrariums erhellt, reichen als Wärmequelle aus. Bei solch kleinen Behältern muss man aber besonders darauf achten, dass sie nicht überhitzen!

Ich arbeite bei der Jungenaufzucht gerne mit „Wegwerfmaterial". Fließpapier als Bodengrund und die Pappröhren von Toilettenpapierrollen als Unterschlupf werden wöchentlich bei der Reinigung entfernt und durch neue Materialien ersetzt. Das Fließpapier feuchte ich zu Beginn an, damit die Tiere für etwa einen Tag etwas mehr Feuchtigkeit im Aufzuchtterrarium haben. Das nutzen sie gerne zur Häutung. Die Materialien sind preiswert und erleichtern das Sauberhalten. Außerdem bekommt man einen guten Überblick über den Gesundheitszustand und das Fressverhalten der einzelnen Tiere. Man kann die Jungen in den Miniterrarien auch in Gruppen aufziehen. Ich besetze einen „Spinnenwürfel" (ein Kleinstterrarium aus Glas) von 20 x 20 cm Grundfläche mit bis zu 15 Neugeborenen. Für die Beobachtung der Fütterung gilt dann dasselbe, was schon bei den Alttieren gesagt wurde: Dabeibleiben und beobachten, ob sich Tiere gegenseitig verbeißen und fressen wollen. In kleinen Terrarien aufgezogene Junge werden auch nicht so scheu.

Grundsätzlich fressen junge Strumpfbandnattern das gleiche Futter wie die erwachsenen Tiere. Es ist jedoch selbstverständlich, dass es in „kleine Happen" geschnitten werden muss. Diese sollten nicht die Größe des Kopfes der Tiere erreichen, damit sie verschluckt werden können. Außerdem: Je kleiner die Futterstücke, desto geringer die Gefahr des gegenseitigen Verbeißens! Die meisten Jungen werden bereits nach 1–2 Tagen zum ersten Mal Futter aufnehmen. Die ersten Vitaminzusätze gebe ich erst, wenn die Tiere futterfest sind. Sonst könnte der strenge Geruch vielleicht zu einer Futterverweigerung führen.

Die Jungtiere der Gewöhnlichen Strumpfbandnatter sind in der Regel sehr gute bis gierige Fresser. Man sollte sie jedoch keinesfalls „mästen" – ein Fütterungs-

> ## DER PRAXISTIPP
> Es kann nicht oft genug darauf hingewiesen werden: Junge Strumpfbandnattern nehmen selbst innerhalb der Top Ten der Ausbruchskünstler noch einen Spitzenplatz ein! Mit ihren 2-3 g Geburtsgewicht reicht schon ein dünner Wasserfilm auf ihrem Körper, um an glatten Oberflächen für Kapillarhaftung zu sorgen. Damit erreichen sie jeden beliebigen Punkt eines Terrariums, auch die Deckenplatte! Löcher für Kabel im Deckel von Faunaboxen zu passieren, ist eine ihrer leichtesten Übungen! Am besten sind alle Behälter „drosophiladicht", d. h. dass nicht einmal kleine Fliegen aus dem Terrarium entweichen könnten. Man erreicht dies z. B. durch Falltüren (keine Schiebescheiben) und sehr enge Gaze vor den Belüftungen.

abstand von 2–3 Tagen ist vollkommen ausreichend. Die Tiere wachsen schnell, und es ist eine Freude, ihnen dabei zuzusehen. Aber hin und wieder kann es passieren, dass einige wenige Jungschlangen jegliche Art von Futter hartnäckig verweigern. Sieht man, dass die Tiere beginnen abzumagern, hilft nur noch eine Zwangsfütterung. Bei einem zuweilen nur 2 g leichten „Wurm" ist das kein leichtes Unterfangen. Es bedarf viel Fingerspitzengefühls und etwas Übung, mittels einer stumpfen Pinzette kleine Fischstückchen oder die Schwänze von Mäusebabys in die kleinen Mäuler zu bugsieren. Ich rate, sich dieses Verfahren von einem versierten Züchter zeigen zu lassen. Das Junge wird von links und rechts mit den Fingern der einen Hand am Kopf so gehalten, dass das Maul noch zu öffnen ist, die Schlange aber auch ausreichend fixiert wird. Das Maul lässt sich bei Strumpfbandnattern vergleichsweise einfach mit dem Futterstück öffnen, und es wird vorsichtig ins Maul geschoben. Anschließend massiert man es mit

Jungtiere von *Thamnophis sirtalis*

Es ist schon ein ganz besonderes Gefühl, ein selbst nachgezogenes Jungtier auf der Hand zu haben.

Gefühl noch einige Zentimeter im vorderen Körperdrittel Richtung Magen. Ein Futterstück reicht! Nicht zu viel stopfen! Die kleinen Tierchen könnten sonst daran ersticken. Wenn das Junge dann behutsam wieder in sein Terrarium gesetzt ist, muss sich der Erfolg erst noch erweisen. Es kann sein, dass die Schlange das Futter wieder auswürgt und man die Prozedur von vorne beginnen muss.

Die weitere Aufzucht futterfester Jungschlangen ist problemlos. Nach etwa einem halben Jahr – je nach Wachstum, aber keinesfalls zu früh – werden die Tiere in größere Terrarien umgesetzt. Die Größe der Futterstücke passt man laufend der Größe der Schlangen an. Den ersten Winter verbringen meine jungen Gewöhnlichen Strumpfbandnattern warm,

DER PRAXISTIPP

Tiere, die innerhalb der ersten 1-2 Wochen noch nicht fressen, kann man über Stücke von totem Regenwurm häufig zum ersten Mal ans Futter locken. Nehmen sie dieses Futter regelmäßig, so kann man wenige kleine Fischstückchen hinzufügen. Langsam erhöht man den Fischanteil, bis die Jungen den Fisch auch alleine fressen.

d. h. sie bleiben im durchgängig beheizten Terrarium mit Futtergabe, also genauso wie im normalen Sommerbetrieb. Erst im zweiten Winter erfolgt eine kalte Überwinterung im Kühlschrank.

Farbformen

HALTUNG und Zucht gängiger

Schlangenarten scheinen kaum noch ohne besondere Farbformen auszukommen. Die Gewöhnliche Strumpfbandnatter konnte sich dem vergleichsweise lange widersetzen. Doch inzwischen hat auch sie das „Albinofieber" erreicht. Dabei sind die Farbformen jedoch weniger auf gezielte Zucht zurückzuführen – zumindest derzeit noch nicht – als auf Fänge außergewöhnlich gefärbter Tiere im Freiland. Ein seit Jahren begehrter Klassiker sind Schwärzlinge (melanistische Tiere). Sie sind überwiegend von *T. s. sirtalis* bekannt. Mittlerweile sind auch zahlreiche Blutlinien vorhanden, sodass z. T. noch bestehende Inzuchtprobleme bald überholt sein dürften. Auch amelanistische, fälschlich gerne als „Al-

Adultes Weibchen von *Thamnophis sirtalis sirtalis* „flame"

binos" bezeichnete Exemplare (Tiere, denen alle Schwarzanteile fehlen, die anderen Farben sind aber vorhanden) sind von einigen Unterarten bekannt.

Unter den Freunden der Gewöhnlichen Strumpfbandnatter sehr begehrt sind Farbformen mit erhöhten Rotanteilen. „High red", „flame" und „speckled flame" sind derzeit die magischen Worte der Raritätensammler. „High reds" wurden seit Beginn der Terraristik in Nordamerika immer einmal wieder im Freiland gefunden und in Terrarien weiter vermehrt. Gleiches gilt für die Farbform „flame", die 1998 bei Montreal (Kanada) entdeckt wurde. Die Farbform „speckled flame" stammt aus einer gezielten Kreuzung zweier extrem roter („high reds") Linien von *T. s. sirtalis*.

Darüber hinaus sind von der Gewöhnlichen Strumpfbandnatter auch xanthische

Thamnophis sirtalis sirtalis, melanistisch

zistische (weiße Tiere, denen alle Pigmente fehlen, die aber keine roten Augen haben) sowie „calico"- (Muster und Farben gehen ohne erkennbares System ineinander über) Tiere bekannt. Die zuletzt aus den USA bekannt gewordenen Farbvarianten sind „silver" (hellgraue Tiere), „granite" (hellgrau mit kontrastreicher Musterung und großen dunklen Barren) oder „peach" (gelb bis hellorange gefärbt).

(mit erhöhtem Gelbanteil), anerythristische (mit fehlendem Rotanteil), hypomelanistische (mit vermindertem Schwarzanteil), leu-

Die Zucht spezieller Farbformen birgt jedoch auch Probleme in sich. So ist es oft unvermeidbar, Geschwistertiere oder andere Exemplare einer Blutlinie miteinander zu kreuzen. Dabei werden z. B. „Krankheitsgene", die unter natürlichen Bedingungen in einer Population verstreut würden, unnatürlich „angereichert". Treffen diese Erbanlagen bei weiteren Nachkommen dann aufeinander, sind Inzuchtprobleme nicht

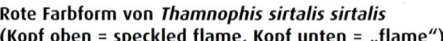

Rote Farbform von *Thamnophis sirtalis sirtalis*
(Kopf oben = speckled flame, Kopf unten = „flame")

selten. Häufige Missbildungen aufgrund von Inzuchtproblemen sind bei der Gewöhnlichen Strumpfbandnatter z. B. Verkrümmungen der Wirbelsäule, hohe Sterblickeitsrate von Jungtieren oder zunehmende Unfruchtbarkeit. Ein weiteres Problem kommt durch die Halter selbst zustande. Bei vielen sind die Kenntnisse der Vererbungsgesetze nur sehr begrenzt. Sie verlieren im Laufe von Schlangen-Generationen oft den Überblick über verborgene Merkmale. Häufig werden Tiere, die „unsichtbare", von der Norm abweichende Farbgene tragen („hets" für heterozygot = mischerbig), oder solche, die sie vielleicht tragen („possible hets" = eventuell mischerbig), ohne entsprechende Etikettierung weiter verkauft. Irgendwann treten die Merkmale wieder hervor, und der Halter glaubt, eine neue Seltenheit gezüchtet zu haben. Dabei handelt es sich nur um Merkmale, die über einige Generationen versteckt weiter vererbt wurden und nun wieder zum Vorschein kamen.

WUSSTEN SIE SCHON?
In einigen Büchern sind neonrote Gewöhnliche Strumpfbandnattern von fast schon unwirklicher Schönheit zu sehen – die farbenprächtigsten Gewöhnlichen Strumpfbandnattern, die es je gab! Dabei handelt es sich um die Farbform „crimson flame". Leider wurden nur wenige Tiere davon im Freiland gefangen. Die Nachzucht gelang nicht, und auch die Wildfänge verstarben alsbald.

Thamnophis sirtalis sirtalis „florida blue"

Vergesellschaftung

ALLE Unterarten der Gewöhnlichen Strumpfbandnatter sind sehr verträglich. Die einzige Ausnahme bei der Fütterung (siehe Kapitel „Ernährung") tut dieser Tatsache keinen Abbruch. Daher können je nach Größe der Terrarien kleinere wie größere Gruppen gut zusammen gehalten werden. Eine Trennung nach Geschlechtern ist dabei nicht erforderlich, es sei denn, man nutzt sie zur gezielten Vorbereitung von Paarungen oder um Nachwuchs zu vermeiden. In Zuchtgruppen ist ein Überschuss an Männchen zu empfehlen. Die Praxis zeigt, dass ausbleibende Zuchterfolge häufiger an den Männchen als an den Weibchen liegen. Gängige Zusammensetzungen sind z. B. zwei Männchen, ein Weibchen, oder drei Männchen, zwei Weibchen. Die gemeinsame Haltung ver-

> ### DER PRAXISTIPP
> Wem es nicht auf die Zucht der Gewöhnlichen Strumpfbandnatter ankommt, der kann z. B. im schönen Schauterrarium im Wohnzimmer Männchen unterschiedlicher Arten und Unterarten von Strumpfbandnattern gemeinschaftlich halten. Männchen sind dabei günstiger, weil sie nicht so groß werden. Der Anblick eines sich in der Wärmelampe sonnenden Schlangenknäuels mit allen Farben, die die Strumpfbandnattern zu bieten haben, kann den Verzicht auf Nachzuchten allemal aufwiegen.

schiedener Unterarten der Gewöhnlichen Strumpfbandnatter oder anderer Arten von Strumpfbandnattern ist prinzipiell ebenfalls möglich. Solche Gesellschaftsterrarien mit Gruppen sehr unterschiedlich aussehender Tiere haben sogar einen ganz eigenen Reiz. Sie sind in weiten Kreisen der Terrarianerszene jedoch verpönt! Das hat folgenden Grund: Es kann dabei zu Kreuzungen über die Unterartgrenzen – in seltenen Fällen auch über die Artgrenzen – hinaus kommen. Züchterisch gilt es, dies zu vermeiden. Grundsätzlich sind Mischlinge nichts Schlechtes; sie können sogar überaus attraktiv aussehen. Doch möchte man als ernst zu nehmender Züchter das Verwischen von Art- bzw. Unterartgrenzen vermeiden, da eine Reinzucht sonst auf Dauer unmöglich würde. Und oft genug kommen die Mischlinge, weil sie sich als solche nicht so gut verkaufen, mit falschem Etikett in den Handel. Ahnungslose Züchter vermehren die Tiere mit artreinen Exemplaren weiter, und so beginnt ein nur schwer zu stoppender Schwund an reinen Artbeständen. Daher halten viele Pfleger ihre Gewöhnlichen Strumpfbandnattern in Gesellschafsterrarien nach Geschlechtern getrennt. Mit dieser Lösung können auch die Gegner einer Vergesellschaftung von Unterarten und Arten einer Gattung leben.

Die Gewöhnliche Strumpfbandnatter lässt sich aber auch sehr gut mit Schlangen anderer Gattungen vergesellschaften. Bekannt ist das langjährige Zusammenleben mit Vertretern der Gattung *Natrix*, wie z. B. Ringelnattern (*Natrix natrix*), Würfelnattern (*Natrix tessellata*) oder Vipernnattern (*Natrix maura*). Auch für die Haltung mit der Gebänder-

Mischling aus *Thamnophis sirtalis parietalis* und *Thamnophis sirtalis semifasciatus*

Aufgrund der Verträglichkeit und der vielen attraktiven Farben und Zeichnungsformen lohnt sich die Vergesellschaftung von Strumpfbandnattern. Hier ein *Thamnophis sirtalis parietalis* ...

ten Wassernatter (*Nerodia fasciata*) und der Kornnatter (*Pantherophis guttatus*, ehemals *Elaphe guttata*) liegen gute Erfahrungen vor. In Freilandterrarien lebt die Gewöhnliche Strumpfbandnatter sogar mit Giftschlangen wie der Kreuzotter (*Vipera berus*), der Aspisviper (*Vipera aspis*) oder der Hornotter

... und ein helles Exemplar von *Thamnophis sirtalis parietalis*.

Thamnophis sirtalis tetrataenia

(*Vipera ammodytes*) zusammen. Aus größeren Freilandterrarien ist auch die Haltung zusammen mit Europäischen Sumpfschildkröten (*Emys orbicularis*) oder Smaragdeidechsen (*Lacerta viridis*) bekannt. Insbesondere die Kombination mit Echsen würde ich jedoch ablehnen, da die Echsen beim Anblick der Schlangen in der Regel zu viel Dauerstress erfahren, selbst wenn sie nicht direkt attackiert werden.

Voraussetzung für jede Form der Vergesellschaftung muss die Gewährleistung sein, dass alle Tiere ihren natürlichen Bedürfnissen nachkommen können. Daher sind nur Arten mit ähnlichen ökologischen Ansprüchen zu vergesellschaften! Je reichhaltiger strukturiert ein Terrarium ist, d. h. je mehr unterschiedliche Kleinstbiotope in punkto Feuchtigkeit, Wärme, Versteckmöglichkeiten usw. es enthält, desto unterschiedlichere Arten können vergesellschaftet werden. Je nach Arten sind dafür nicht selten deutlich größere Terrarien notwendig.

Freilandhaltung

AUFGRUND

ihrer Herkunft sind einige Unterarten der Gewöhnlichen Strumpfbandnatter sehr gut zur ganzjährigen Haltung im Freien geeignet. Während *T. s. pickeringii*, *T. s. semifasciatus* und *T. s. pallidulus* ohne Einschränkung in Frage kommen, muss bei *T. s. concinnus*, *T. s. fitchi*, *T. s. parietalis* und *T. s. sirtalis* der genau Fundort der Tiere oder Elterntiere berücksichtigt werden. Diese können auch in südlicheren Regionen vorkommen, deren Klima nicht dem mitteleuropäischen entspricht.

Ein Freilandterrarium für Gewöhnliche Strumpfbandnattern kann ganz einfach gebaut sein. Das Wichtigste ist eine glatte Umrandung. Sie schützt vor Ausbrüchen, da die Tiere an ihr abrutschen. Als Materialien kommen

Mein Freilandterrarium für Strumpfbandnattern

Glas, Metallbleche, Holz, Putz, Mauerwerk oder verschiedene Kunststoffe in Frage. Bei rauen Materialien ist eine oben rechtwinklig nach innen stehende Kante als Ausbruchsschutz zu empfehlen. Sie werden entweder nur in die Erde eingegraben oder fest einzementiert. Eine Drainage kann an nassen Standorten von Vorteil sein. Eine Abdeckung ist prinzipiell nicht notwendig. Es kann jedoch sein, das Fressfeinde (Katzen, Krähen usw.) in der Anlage räubern. Dagegen hilft eine Abdeckung z. B. aus Draht. Für die ganzjährige Haltung ist ein Überwinterungsquartier von mindestens 80–100 cm Tiefe notwendig. Es wird mit Materialien wie Moos, Laub, Ästen oder auch Styroporkugeln aufgefüllt und regensicher abgedeckt. Die sonstige Gestaltung der Anlage richtet sich ganz nach den Vorlieben des Erbauers. Steine und Bepflanzung sollten jedoch Möglichkeiten zum Verstecken oder zur Flucht vor der Sonne bieten. Ein kleiner Teich spart aufwändiges Kümmern um einen Trinkwasserbehälter. Natürlich wird der zeitliche und finanzielle Aufwand beim Bau eines Freilandterrariums je nach Materialien, Fundamentkonstruktionen und persönlichen Ansprüchen unterschiedlich ausfallen. Fakt ist: Ein ca. 4 m² großes Freilandterrarium für Gewöhnliche Strumpfbandnattern lässt sich an einem Tag mit Materialkosten von ca. 200 € bauen!

Der Pflegeaufwand für ein Freilandterrarium ist erheblich geringer als für ein Zimmerterrarium. Das Zutun des Pflegers beschränkt sich auf wöchentliche Fütterungen während der Saison (von etwa April bis Oktober) und auf 1–2 gärtnerische Pflegemaß-

nahmen. Ansonsten muss die Anlage lediglich wie der restliche Garten im Hochsommer vor dem Vertrocknen der Pflanzen durch regelmäßiges Gießen geschützt werden. Kotreste, Häute oder Futtereste entfernen sich „von selbst" auf natürliche Weise durch die sich immer einstellende nicht herpetologische Terrarienfauna.

Das Freilandterrarium eröffnet dem Halter Gewöhnlicher Strumpfbandnattern ungewohnte und neue Einblicke in das Verhalten seiner Tiere. Die Schlangen passen sich dem Rhythmus des Wetters und der Jahreszeiten instinktiv an. Frühjahr und Herbst sind die besten Zeiten zur Beobachtung – und auch zum Fotografieren! Dann nehmen die Tiere über viele Stunden intensive Sonnenbäder. Regen- und Hitzeperioden werden in Unterschlüpfen verbracht. Den Winter verbringen die Schlangen im Überwinte-

Ein Freilandterrarium erlaubt „naturidentische" Fotografien; hier melanistische *Thamnophis sirtalis sirtalis*

Dank

WIEDER einmal gilt mein größter Dank meiner Frau Martina und meinen Kindern Jonas, Sarah und Lena für die Toleranz gegenüber meinem Hobby. Heiko Werning, Kriton Kunz und Daniel Grübner danke ich sehr herzlich für das aufmerksame und konstruktive Lektorat. Für die freund-

Unterarten der Gewöhnlichen Strumpfbandnatter *Thamnophis sirtalis*, die für eine ganzjährige Haltung im Freilandterrarium in Frage kommen:

T. s. concinnus (Rotflecken-Strumpfbandnatter)
T. s. fitchi (Kaskaden-Strumpfbandnatter)
T. s. pallidulus (Maritime Strumpfbandnatter)
T. s. parietalis (Rotseiten-Strumpfbandnatter)
T. s. pickeringii (Pickerings Strumpfbandnatter)
T. s. semifasciatus (Chicago-Strumpfbandnatter)
T. s. sirtalis (Gewöhnliche Strumpfbandnatter)

rungsquartier, das sie selbstständig aufsuchen und erst im Frühjahr verlassen. Dabei ist es immer wieder erstaunlich, welche Verhaltensmuster die Tiere noch beherrschen, von denen wir durch künstliche Vorgaben im Zimmerterrarium nur ahnen können.

Einige Unterarten werden auch regelmäßig im Freilandterrarium nachgezogen. So habe ich seit Jahren im August Nachzuchten von *T. s. semifasciatus*, *T. s. parietalis* sowie melanistischen *T. s. sirtalis*. Soweit möglich, fange ich die Jungschlangen aus der Anlage, um sie in Zimmerterrarien über den ersten Winter hinweg warm zu halten und zu füttern. So ist die Kontrolle bei der Aufzucht gewährleistet. Die Jungen überleben den Winter aber auch in der Anlage. Im Frühjahr ernähren sie sich von Regenwürmern, Asseln, Schnecken und anderem Getier, das in der Anlage umherkrabbelt und -kriecht. Dennoch ist die Aufzucht im Zimmer die erfolgreichere.

Ausführliche Informationen zum Thema finden Sie in meinem Buch „Freilandterrarien für Schlangen" aus dem Natur und Tier - Verlag.

liche Überlassung von Fotos danke ich Mirko Barts und Kriton Kunz. Dem Grafiker Ludger Hogeback danke ich für das moderne Outfit des Büchleins. Und last, aber wirklich not least danke ich Matthias Schmidt dafür, dass ich diesen „Art für Art"-Band im Natur und Tier - Verlag veröffentlichen durfte.

Weitere Informationen

DIESES

Büchlein kann nur einen ersten kleinen Einblick in Biologie, Haltung und Vermehrung einer der schönsten und vielfältigsten Schlangenarten geben, die die Terraristik kennt. Es existiert eine Fülle von weiterführender Literatur, von der ich einen Ausschnitt hier anfügen will. Darüber hinaus empfehle ich die Mitgliedschaft in einer Vereinigung Gleichgesinnter. Auch dazu im Folgenden einige Anhaltspunkte:

Untersuchungsstellen

Kotproben, Sektionen und andere Untersuchungen können von spezialisierten Tierärzten oder von veterinärmedizinischen Untersuchungsstellen, die es in vielen Städten gibt, vorgenommen werden. Eine Liste mit reptilienkundigen Tierärzten kann über die DGHT bezogen werden (oder im Internet unter www. dght.de). Überregional bekannt für Untersuchungen sind folgende Einrichtungen:

- Exomed, Am Tierpark 64, 10319 Berlin
- Universität München, Institut für Zoologie, Fischereibiologie und Fischkrankheiten der tierärztlichen Fakultät, Kaulbachstr. 37, 80539 München
- Justus-von-Liebig-Universität Gießen, Institut für Geflügelkrankheiten, Frankfurter Str. 87, 35392 Gießen
- GEVO Diagnostik, Jakobstr. 65, 70794 Filderstadt

Weiterführende und verwendete Literatur

HALLMEN, M. (2000a): Alles andere als „Allerweltstiere" – Erstaunliches aus der Biologie der Strumpfbandnattern. – REPTILIA, Münster, 5(3): 32–39.

– (2000b): Die San-Francisco-Strumpfbandnatter *Thamnophis sirtalis tetrataenia* – The Queen of Garter Snakes. – REPTILIA, Münster, 5(3): 28–31.

(2003): Freilandterrarien für Schlangen. – Natur und Tier-Verlag, Münster, 157 S.

– & J. CHLEBOWY (2001): Strumpfbandnattern. – Natur und Tier-Verlag, Münster, 191 S.

MUTSCHMANN, F. (1995): Die Strumpfbandnattern – Biologie, Verbreitung, Haltung. – Westarp Wissenschaften, Magdeburg, 172 S.

ROSSMAN, D.A., N.B. FORD & R.A. SEIGEL (1996): The Garter Snakes – Evolution and Ecology. – Univ. Oklahoma Press, Norman, London, 332 S.

SWEENEY, R. (1992): Garter Snakes: Their Natural History and Care in Captivity. – Blandford, London, 128 S.

Zeitschriften

- REPTILIA
Terraristik-Fachmagazin,
erscheint sechsmal jährlich
Natur und Tier - Verlag GmbH
An der Kleimannbrücke 39/41
48157 Münster
Tel.: 0251-13339-0
E-Mail: verlag@ms-verlag.de
www.ms-verlag.de

- DRACO
Terraristik-Themenheft
erscheint viermal jährlich
Natur und Tier - Verlag GmbH,
s. o.

- SAURIA
Terraristik und Herpetologie,
erscheint viermal jährlich
Terrariengemeinschaft Berlin
e. V., Barbara Buhle

Planetenstr. 45, 12057 Berlin
Tel.: 030-6847140
www.sauria.de
E-Mail: abo@sauria.de

- herpetofauna
Zeitschrift für Amphibien- und
Reptilienkunde, erscheint sechs-
mal jährlich
herpetofauna Verlags-GmbH
Hans-Peter Fuchs
Römerstraße 21, 71384
Weinstadt; Tel. 07151-600677
www.herpetofauna.de
E-Mail: info@herpetofauna.de

- DATZ – Die Aquarien- und
Terrarien-Zeitschrift
erscheint monatlich
Verlag Eugen Ulmer,
Wollgrasweg 41,
70599 Stuttgart, Fax: 0711-
4507120, www.datz.de

Vereine und Interessengruppen

Die Deutsche Gesellschaft für Herpetologie und Terrarienkunde (DGHT; www.dght.de; DGHT e.V., Postfach 1421, 53351 Rheinbach, Tel.: 02225-703333, E-Mail: gs@dght.de) ist mit über 8.000 Mitgliedern die weltweit größte Gesellschaft ihrer Art und bringt Wissenschaftler und Hobbyherpetologen zusammen. Mitglieder erhalten verschiedene herpetologisch/terraristische Zeitschriften.

Innerhalb der DGHT existiert die AG Schlangen, die sich auch mit Strumpfbandnattern beschäftigt.

Sie veranstaltet jährliche Fachtagungen. Kontakt: AG-Leiter: Dipl. Ing. Ralf Hörold, Stichelgasse 2a, 67229 Gerolsheim, Tel.: 06238-982265, Fax: 06238-9825 40, E-Mail: r.hoerold@ web.de

Die European Garter Snake Association (EGSA; www.egsa.de) ist ein kleiner europäischer Verein, dessen Mitglieder sich der Haltung und Zucht von Strumpfbandnattern verschrieben haben. Der Verein gibt vierteljährlich die Vereinszeitschrift „The Garter Snake" heraus.

Freilandterrarien für Schlangen
M. Hallmen

160 Seiten, 175 Fotos,
6 Zeichnungen
Format: 16,8 x 21,8 cm
ISBN 3-931587-83-5

Die Krönung der Schlangenhaltung ist die Pflege dieser faszinierenden Reptilien in einem naturnah eingerichteten Freilandterrarium. Keine andere Haltungsform kommt den Bedingungen im Biotop der Tiere derart nahe, keine andere bietet derart authentische Beobachtungs- und Fotografiemöglichkeiten. Dieser Ratgeber bietet anschaulich und leicht nachvollziehbar alle Informationen rund um Errichtung und Unterhaltung von artgerechten Freilandterrarien für Schlangen und stellt die dafür geeigneten Arten vor.

24,80 €

Terrarieneinrichtung

T. Wilms

128 Seiten, 181 Abbildungen
Format: 16,8 x 21,8 cm
ISBN 3-931587-90-8

19,80 €

Strumpfbandnattern

M. Hallmen, J. Chlebowy

192 Seiten, 133 Abbildungen
30 Verbreitungskarten
Format: 16,8 x 21,8 cm
ISBN 3-931587-49-5

24,80 €

E S A M T P R O S P E K T   A N !

Natur und Tier - Verlag GmbH

An der Kleimannbrücke 39/41
48157 Münster
Telefon: 0251-13339-0 · Fax: 13339-33
E-Mail: verlag@ms-verlag.de · Home: www.ms-verlag.de

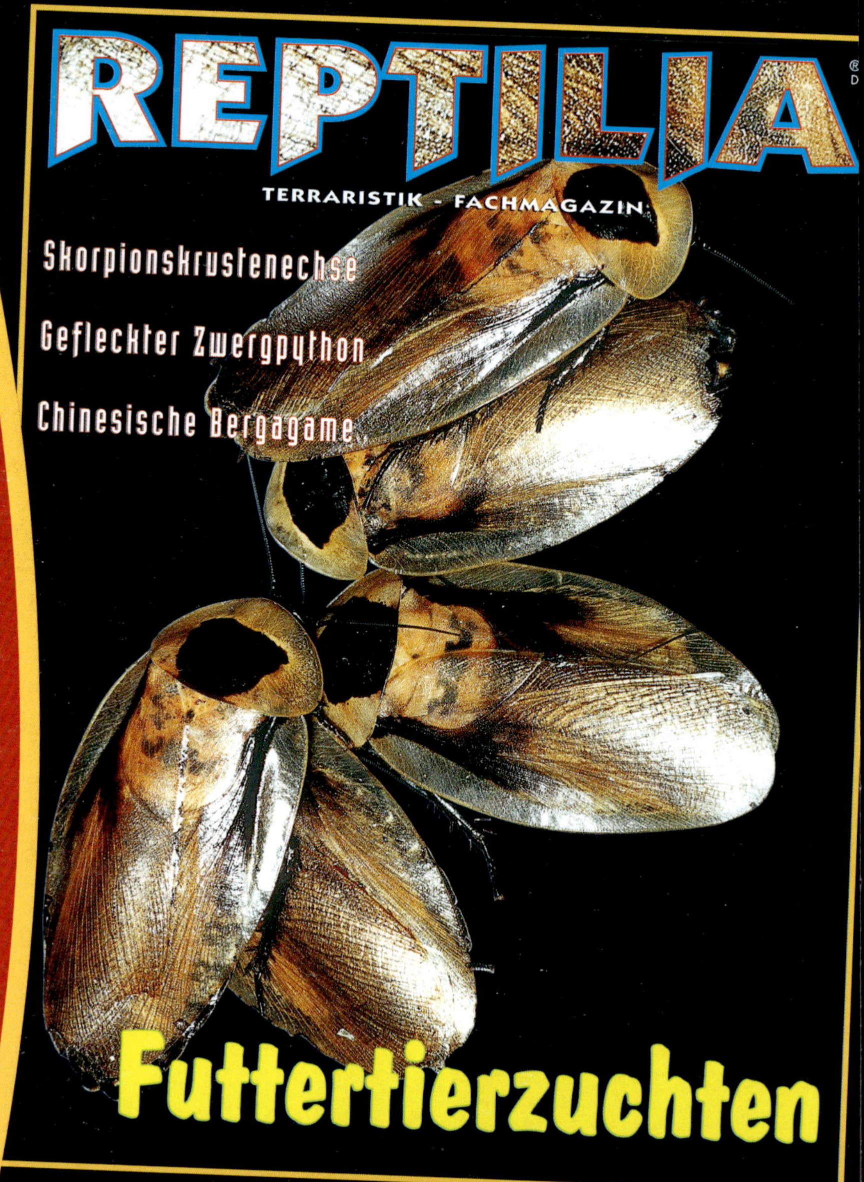